Die faszinierende Welt der edlen Steine

Der Achat

Deutschland · Schweiz · Österreich

Inhalt

Formenspiele im Gestein 3

Hildegard von Bingen
und der Achat 4

Das Leben der Hildegard 6

Eine Pharaonenhochzeit
und die zwölf Stämme Israel 8

Von Bändern und Bäumchen:
Wie Achat entsteht 12

Wenn Baumstämme zu
buntem Stein werden 16

Ein Stein für edle Objekte 18

Die Achatschleiferei,
ein Gewerbe mit Tradition 22

Gemmen und Kameen 24

Baujuwel für eine Tote:
Das Taj Mahal 26

Gefärbte Achate 28

Die Mohshärte 30

Glossar 31

Impressum, Bildnachweis 32

Formenspiele im Gestein

Die unerschöpfliche Fantasie der Natur zeigt sich oft im Verborgenen. Aufgelesene Achate beispielsweise besitzen das Aussehen eines gewöhnlichen Feldsteins. Erst der Anschliff zeigt das Spiel der vielfältigen Farben und Formen, das schon die Menschen der Antike faszinierte. So werden Achate seit Langem zu Schmuckstücken, Figuren oder Gefäßen geschliffen, und besonders beliebt waren sie als Rohstoff für Gemmen, Kameen und Broschen. Zudem galten sie als Schutzsteine gegen Spinnenbisse und Wahnvorstellungen.

Kaum ein Schmuckstein kommt in so vielfältigen Farben und Mustern vor. Manche Achate sind bunt gestreift, andere scheinen Landschaften, Festungen oder Pflanzen darzustellen, und wieder andere zeigen Strukturen und Formen, die zum Interpretieren einladen, etwa Gesichter oder mythische Figuren. Vielleicht sagte man deshalb gerade diesem Schmuckstein nach, er würde des nachts besonders lebhafte Traumbilder hervorrufen.

Die kleine Amphore (6 x 5 cm) aus braun gebändertem Achat stammt aus den Jahrzehnten um Christi Geburt.

Hildegard von Bingen und der Achat

Der auffällige, in der Regel vielfarbige Schmuckstein nimmt in Hildegards Heilkunde einen breiten Raum ein. Allerdings ist nicht sicher, ob sie mit Achat den Stein meint, den wir heute Achat nennen. Eventuell bezeichnete man damals alle mit Bändermustern oder bildartigen Zeichnungen versehenen Steine so, eventuell auch die, die wir als Jaspis und Onyx kennen.

Ungewöhnlich unter all den von Hildegard dargestellten Heilwirkungen der Steine ist, dass manche ihre Heilkraft durch die Haut hindurch ausüben. So auch der Achat: „Und wenn ein Mensch diesen Stein mit sich trägt, lege er ihn auf seine nackte Haut, damit er so warm werde, und seine Natur macht je-

Idealisierte Porträts wie dieses sprechen für die große Verehrung, die Hildegard durch die Jahrhunderte genoss.

nen Menschen tauglich und verständig und klug beim Reden, weil (der Stein) vom Feuer und von der Luft und vom Wasser entsteht. Denn wie ein übles Kraut, das an die Haut des Menschen gelegt wird, dort bisweilen eine Blase oder ein Geschwür entstehen lässt, so machen auch gewisse Edelsteine, wenn sie an die Haut des Menschen gelegt werden, diesen gesund und verständig durch ihre Kraft." Aber nicht nur das: Der Achat schütze auch vor Dieben – man müsse den Stein nur vor dem Schlafengehen durchs Haus tragen. Vielleicht funktionierte dies so gut, weil der Hausherr bei der Gelegenheit auch Fenster und Türen kontrollierte.

> *Seine Natur macht jenen Menschen tauglich und verständig und klug beim Reden.*

Heilung für Geist und Seele

Besonders interessant sind die Wirkungen des Achats auf die Psyche: „Aber auch wer mondsüchtig ist, der lege vor den drei Tagen, wenn er weiß, dass die Zeit des Wahnsinns bevorsteht, diesen Stein für drei Tage in Wasser, und am vierten Tag nehme er ihn weg. Und dann wärme er jenes Wasser mäßig, und er koche damit alle Speisen, die er in der Zeit isst, während er sich im Wahnsinn befindet." Gleiches solle er mit den Getränken tun, und das etwa fünf Monate lang, „und er wird sein Bewusstsein und seine Gesundheit wieder erlangen, wenn Gott es nicht verhindert."

Das Leben der Hildegard

Geboren wird Hildegard vermutlich 1098 im Raum Worms. Als zehntes Kind uradeliger Eltern wird sie mit acht Jahren zunächst auf Burg Sponheim in religiöse Erziehung gegeben. Im Alter zwischen 14 und 17 legt sie ihr Gelübde ab und wird Benediktinerin im blühenden Kloster Disibodenberg südlich von Bingen. Ihre Lehrmeisterin in jener Zeit ist Jutta von Sponheim.

Anerkennung durch Bernhard von Clairvaux
Hildegard hat schon damals Visionen, aber erst im Alter von 40 Jahren werden diese so stark, dass sie bei dem berühmten Zisterzienser Bernhard von Clairvaux anfragt, was sie davon zu halten habe. Seine Anerkennung trägt sehr zu Hildegards Berühmtheit und inneren Ruhe bei. Von nun an hat sie keine Bedenken, ihre durch die Visionen erlangten theologischen Einsichten aufzuschreiben oder zu diktieren – ihr Latein empfindet sie nach eigener Einschätzung als nicht gut genug.

Im Jahr 1147 bekommt Hildegard die offizielle kirchliche Erlaubnis, diese Schriften zu veröffentlichen. Vor allem drei begründen ihren Ruhm: „Wisse die Wege des Herrn" *(Liber scivias domini)*, eine Glaubenslehre, dann das „Buch der Lebensverdienste" *(Liber vitae meritorum)*, eine Ethik, und schließlich das „Buch der Werke Gottes" *(Liber divinorum operum)*, eine

Eine Szene vom Hildegardis-Altar in der Binger St. Rochuskapelle: Die kleine Hildegard wird im Kloster aufgenommen.

Gesamtschau der Welt. Es folgen naturkundliche und medizinische Werke sowie liturgische Kompositionen.

Heutige Mediziner führen die mit den Visionen verbundenen Leiden, die Hildegard beschreibt, auf Migräne und Augenprobleme zurück. Auf jeden Fall tragen die Visionen zu ihrem Ruhm bei. Vor allem aber wirkt Hildegards charismatische Persönlichkeit auf die Zeitgenossen. Predigtreisen führen sie in zahlreiche Städte Europas und begeistern die Menschen. Bald steht sie in Briefwechsel mit hochgestellten Persönlichkeiten und kann ein eigenes Kloster auf dem Rupertsberg gründen, das 1165 sogar um ein Filialkloster erweitert wird. Im Jahr 1179 stirbt Hildegard hochbetagt.

Eine Pharaonenhochzeit und die zwölf Stämme Israel

Die Farbenpracht und die seltsamen Bilder im Achat faszinierten die Menschen schon vor Jahrtausenden, obwohl der Stein keineswegs selten vorkommt. Schon im alten Ägypten diente der leicht zu bearbeitende Achat zur Herstellung von Schmuck und Gefäßen.

Zu den berühmtesten Stücken zählt die Prunk-Kamee, die 278 v. Chr. anlässlich der Hochzeit des Pharaos Ptolemäus II. Philadelphus angefertigt wurde und den König mit seiner Gemahlin zeigt. Die heute im Kunsthistorischen Museum in Wien liegende, 11,5 cm große Kamee ist aus schwarz-weiß-rotem Achat geschnitten, einer extrem seltenen Kombination. Insgesamt besitzt der Stein 17 Farbschichten, von denen der Gemmenschneider elf nutzte.

Ptolemäus II. und seine Schwester-Gemahlin Arsinoe (Kamee, 11,5 cm hoch)

Woher dieser Stein stammt, ist unbekannt – selbst heute wäre die Entdeckung eines solchen Achats eine Sensation. Kein Wunder, dass im Mittelalter der Gelehrte Albertus Magnus annahm, die Kamee sei mitsamt dem Bild ein Werk der Natur. Immerhin galten Schmucksteine als mit übernatürlichen Kräften begabte Teile der Schöpfung.

Die zwölf Edelsteine auf dem Brustschild des jüdischen Hohepriesters symbolisierten die zwölf Stämme Israel. In der mittleren Reihe der dritte von oben ist der Achat.

Auch in der Bibel wird der Achat erwähnt. Gemeinsam mit anderen Schmucksteinen zierte er den Brustschild des ersten Hohepriesters Aaron. Auf jedem dieser zwölf Steine gravierte ein Steinschneider einen der Namen der Stämme Israel ein (2. Mose 28, 21).

Woher der Achat seinen Namen hat

Der Name Achat soll von dem sizilianischen Fluss Achates herrühren, in dessen Geröll man die prächtigen Steine fand. Dieser Fluss entspringt in den Hybleischen Bergen. Heute heißt er Dirillo, und an ihm liegt (nordwestlich von Ragusa) das Städtchen Acate. Der Ort trägt seinen von den Achatfunden bestimmten, tourismusfördernden Namen aber erst seit 1938.

Der Stein der Redner

Verständlich, dass man einem solchen Stein auch Heilkräfte und andere Wunderwirkungen zuschrieb. Das taten schon vor Hildegard von Bingen der römische Naturforscher Plinius sowie Marbod von Rennes, ein bedeutender französischer Gelehrter des Mittelalters. Der Achat helfe nicht nur gegen Skorpion- und Spinnenbisse, sondern der kühle Stein würde auch, in den Mund genommen, den Durst stillen. Zudem mache er zu einem gewandten Redner – vermutlich halfen glatt geschliffene Achatkugeln bereits in der Antike Rhetorikern bei der Verbesserung ihrer Aussprache. Der Grieche Demosthenes, der im 4. Jahrhundert v. Chr. lebte, habe sich, so erzählt es die Legende, durch beständiges Üben mit Steinen im Mund – möglicherweise Achaten – von einem Stotterer zu einem der berühmtesten Redner der Antike gewandelt.

Der große Redner Demosthenes (4. Jh. v. Chr.) soll mit Steinen im Mund – möglicherweise Achaten – geübt haben, das Meer zu übertönen. Gemälde von Eugène Delacroix (1844).

Von Bändern und Bäumchen: Wie Achat entsteht

Achat ist ein häufiger Schmuckstein. Man findet ihn an zahlreichen Orten der Erde, auch an vielen Stellen in Deutschland, und er wird weltweit in Mengen von vielen Tonnen pro Jahr gefördert. Manchmal liegen Achate auch in Form bräunlicher Steine einfach auf dem Acker, etwa bei Idar-Oberstein. Dort treten nämlich schräg gelagerte vulkanische Gesteinspakete an die Oberfläche, deren oberste Lagen zu Erdboden verwittert sind. Die zuvor darin eingeschlossenen Achate aber haben wegen ihrer größeren Härte der Verwitterung getrotzt und wandern wie gewöhnliche Steine nach und nach an die Oberfläche.

Doch im Vergleich zu Steinen ist Achat hart und widerstandsfähig. Er besteht im Wesentlichen aus Quarz, einem der häufigsten Minerale der Erdkruste. Gebildet haben sich

Blieb im Innern der Achat-Schichten ein Hohlraum erhalten, füllte sich dieser oft mit Kristallen – hier sind es Amethyst-Kristalle.

Solche dendritischen (baumähnlichen) Muster im Achat entstehen durch Einschlüsse, in diesem Fall vermutlich von Eisenoxid. Die „Bäumchen" sind 7 mm hoch.

die Achate in Hohlräumen von vulkanischem Gestein. Derartige Hohlräume – Geoden genannt – bleiben aber nicht lange leer: Mineralreiches, gut 200 Grad Celsius heißes Wasser durchfeuchtet das Gestein, dringt durch Poren in den Hohlraum ein und füllt ihn aus.

Erst Gelee, dann Kristall
Unter bestimmten Bedingungen bilden sich im Hohlraum aus den Quarzmolekülen im Wasser Verbände – feinste, wasserreiche und kugelförmige Partikel, sogenannte Sphärolithe. Zunächst schweben diese wie Mikro-Staubteilchen in der Lösung, aber nach und nach setzen sie sich an den Wänden des Hohlraums fest. Ähnlich wie beim Wachstum eines Kristalls wirken die abgelagerten Sphärolithe als Keime oder Kerne,

die weitere Kügelchen anziehen. Vermutlich bildet der Quarz zuerst eine Art Gelee, weich und wasserreich. Doch nach und nach finden sich die Quarzmoleküle zu festen Strukturen zusammen, kristallisieren und drängen das Wasser aus dem Kristallverband hinaus.

Dutzende von Bändern pro Millimeter
Im Lauf der Zeit bringen immer wieder neu einsickernde quarzhaltige Lösungen auch andere Minerale mit, die sich gemeinsam mit den Sphärolithen ablagern und sie unterschiedlich anfärben. Es gibt Achate mit Dutzenden von Bändern (Lagen) pro Millimeter Dicke.

Nicht selten beginnen auch Partikel im Innern des Hohlraums zu wachsen, bilden eigene Strukturen oder füllen die noch verbliebenen Hohlräume endgültig aus, sodass sich dort eine unabhängig entstandene Lagenstruktur zeigt. Bisweilen werden solche sich füllenden Hohlräume nachträglich verformt, woraufhin der Achat beim Weiterwachsen andere Formen als ursprünglich annimmt und beispielsweise entstandene Risse ausheilt.

Landschaften und Festungen
Es kommt auch vor, dass Quarzpartikel unabhängig von der sonstigen Achatbildung in der Lösung wachsen oder dass Fremdmineralien in die Lösung eindringen. Dann können Muster entstehen, die aussehen wie Bäumchen oder Moos (Moosachate). Die Elemente eines Achats konkurrieren miteinander um den Platz, und bisweilen wachsen sie um andersfarbige Gebilde herum. So entstehen Achate, die im Querschnitt an Landschaften oder Festungsbauten erinnern und entsprechende Namen tragen: Landschaftsachat, Festungsachat. Kein Achat gleicht vollständig einem anderen.

Ein Landschaftsachat, durch mineralische Einschlüsse und Verformungen der Schichten gebildet. Das Muster ist 2 cm breit.

Wenn Baumstämme zu buntem Stein werden

Im Chemnitzer Museum für Naturkunde steht ein besonderer Wald. Er ist 291 Millionen Jahre alt, und die Baumstämme bestehen ganz aus Stein, genauer: aus achatartigem Quarzmaterial. In jener Erdperiode, von den Geologen „Rotliegend" genannt, liegt Chemnitz nahe dem Äquator. Hier wachsen tropische Wälder mit riesigen Schachtelhalmen und anderen, bis 30 Meter hohen Gewächsen. Doch eines Tages ist die Herrlichkeit vorbei: Ein Vulkan bricht aus, die Druckwelle reißt die Bäume um. Ein feuchter Ascheregen geht nieder und zementiert alles in eine erstarrende Masse ein.

Sogar die Zellen blieben erhalten
Erst im 18. Jahrhundert kamen bei Straßenbauarbeiten erste Stämme wieder ans Tageslicht – vollständig „verkieselt": zu Stein geworden. Denn die vulkanischen Ablagerungen haben sich im Lauf der Zeit zersetzt. Dabei entstanden Wässer, die Mineralien – insbesondere Quarz – in gelöster Form enthielten und nach und nach auch in die Baumstämme eindrangen. In ihnen schied sich der Quarz in feinsten Schichten ab, so fein, dass man unter dem Mikroskop noch die Zellstruktur der Stämme erkennen kann, und die im Wasser enthaltenen Mineralien verursachten bunte Färbungen.

In einem „versteinerten" Baum wird das Holz im Lauf von Jahrmillionen durch bunte Quarzminerale ersetzt. Dieser Stamm liegt im Petrified-Forest-Nationalpark (Arizona, USA).

Solche versteinerten Wälder gibt es an mehreren Stellen der Erde. Zu den berühmtesten zählt der „petrified forest" im US-Bundesstaat Arizona. Hier liegen in einer Wüstenlandschaft zahlreiche verkieselte, meist leuchtend braunrote Baumstämme herum. Mit ihren 216 Millionen Jahren sind sie jünger als der Chemnitzer Wald, vor allem aber sind sie nicht „autochthon": Sie standen nicht an Ort und Stelle als Wald beisammen, sondern wurden von verschiedenen Regionen mit der Zeit zusammengeschwemmt. Sie sind also eigentlich ein versteinerter Holzlagerplatz.

Ein Stein für edle Objekte

Achate werden seit alters her besonders für ihre vielfältigen Farben und Formen geschätzt. Während man bei anderen Schmucksteinen vor allem die Farbe und eventuell den Glanz schätzt, steht beim Achat die feine Zeichnung im Vordergrund, das fantasiereiche Spiel der Natur mit manchmal erstaunlichen Mustern. Für Künstler bieten Achate eine besondere Herausforderung, die weit über das Schleifen hinausgeht. Der Lohn der Mühe sind prachtvolle Kunstwerke, von denen jedes ein unverwechselbares Unikat darstellt.

Inspiriert von der Kunst exotischer Völker schuf René Lalique dieses Achat-Collier mit Tigermotiven (um 1904).

Jugendstil-Anhänger in Gestalt einer Elfe. Achat und Diamanten, im Jahr 1900 kreiert von den Pariser Goldschmieden Vever.

Schmetterlingsbrosche, Achat-Arbeit in Silberfassung (Schottland, 1880er-Jahre)

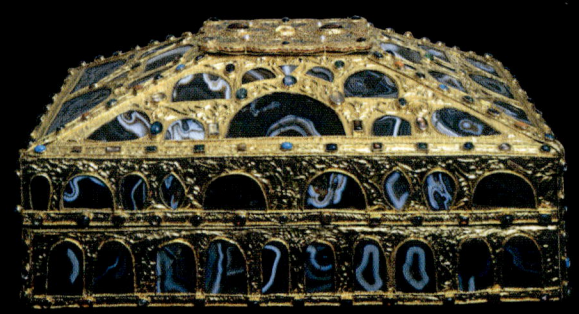

Spanische Kunst des frühen Mittelalters: goldenes Schatzkästchen mit Achat-Einlagen (um 910), etwa 42 cm lang und 27 cm hoch

Spiegel der französischen Königin Maria von Medici (1575–1642) mit großen Achat-Feldern im Giebel

Schnupftabakdose aus galanter Zeit: Kavalier mit Hund; Achat-Gravur auf Goldmontur

Die Achatschleiferei, ein Gewerbe mit Tradition

Eine Stadt hat eine besondere Beziehung zum Achat und seiner Verarbeitung: Idar-Oberstein an der Nahe. Wohl schon die Römer haben hier Achatknollen gefunden und zu Gemmen geschnitten. Doch erst im Spätmittelalter entwickelten sich die Voraussetzungen für die Achatverarbeitung in großem Stil: Bergbau, um Achatknollen aus dem Muttergestein zu graben, und wasserradgetriebene Schleifmühlen.

Das Schleifen der Achate kann der Besucher heute noch erleben: in der „Weiherschleife", wo man vorführt, wie die Schleifer arbeiteten. Die Schleiferei entstand 1754 am Idarbach, der ein gewaltiges Wasserrad antrieb – erst ab 1929 machten Motoren das Gewerbe unabhängig vom Wasser. Erster Schritt zum Schleifen ist das Aufsägen. Dazu dienen rotierende Trennscheiben. Will man Schalen, Becher oder andere Hohlformen herstellen, folgt das „Ebouchieren", das Aushöhlen des Steins, ebenfalls mit Schleif-

Moderne Achat-Schleifarbeit aus Idar-Oberstein. Für die 11 cm große Gravur wurden etwa 200 Arbeitsstunden benötigt. Die goldenen Füße sind angesetzt.

Die Schleifer pressten im Liegen die Werkstücke gegen die gewaltigen, von einem Wasserrad angetriebenen Schleifsteine.

scheiben. Zum eigentlichen Schliff nutzt man dann gewaltige Schleifsteine aus Sandstein von etwa 2 Metern Durchmesser. Die Schleifer liegen dabei bäuchlings auf Schleifkippstühlen, denn so können sie die ständig mit Wasser berieselten Stücke am kräftigsten gegen die Schleifsteine pressen. Zuletzt kommt das Polieren der Oberfläche. Dazu dienen sich drehende Scheiben aus Holz, Kork und Filz sowie Polierpaste. So manches Stück ist bei diesem letzten Arbeitsgang noch zerbrochen. Aber erst das Polieren lässt all die Feinheiten der Achat-Zeichnung erkennen.

Die hohe Qualität der Idar-Obersteiner Produkte sprach sich herum, und bald fanden sie ihren Weg in die Welt. Nicht wenige Gravuren der berühmten Edelsteinschleifer dieser Region zieren heute Sammlungen reicher Kunstliebhaber oder großer Museen.

Gemmen und Kameen

Die Steinschneidekunst, die Glyptik, blickt auf eine Jahrtausende alte Tradition zurück. Schon in der Steinzeit grub man mit harten spitzen Steinen Bilder und Zeichen in Knochen oder Mammutzähne ein. Aber erst vor gut 5000 Jahren entwickelte sich im Mittelmeerraum die Kunst der Gemmenschneiderei, also das Einarbeiten von Bildern in harte Steine.

Zur Zeit der Römer übten zahlreiche, teils sehr berühmte Künstler die Gemmenschneiderei aus. Dank hochentwickelter Werkzeuge und Techniken wie rotierende Stichel, Bohrer, Schleif- und Polierpulver konnten sie jede bekannte Steinart bearbeiten und so die Farbe ihrer Produkte der jeweiligen Mode anpassen.

Die Farben herausarbeiten

Achate waren besonders beliebt als Ausgangsmaterial. Sie ließen sich gut bearbeiten, doch ihr größter Vorzug war, dass ihre unterschiedlich gefärbten Lagen es erlaubten, das Bild in Ebenen aufzuteilen, die dann in der jeweiligen Farbe erschienen. So konnte man zum Beispiel weiße Bilder auf braunem oder schwarzem Grund herausarbeiten.

Der Bildgeschmack wechselte im Lauf der Zeit, aber Götter und Heilige, Tiere, Herrscher und mythologische Themen waren stets beliebt. Schon damals durfte der Kunde wählen, ob er das Bild als Gemme oder als Kamee haben wollte. Bei einer Gemme wird es in den Stein eingraviert, bei einer Kamee entfernt der Künstler das Hintergrundmaterial teilweise, sodass das Bild erhaben hervortritt (heute werden oft beide Formen als Gemmen bezeichnet). Kameen galten – wegen der Schwierigkeit der Bearbeitung – im Vergleich zu Gemmen als wertvoller. Sie wurden meist als Schmuck getragen.

Mit modernem Werkzeug
Auch heute werden solche Schmuckstücke – ob als Brosche, Ring oder Anhänger – gern getragen. Die Werkzeuge allerdings sind inzwischen elektrisch angetrieben, und die Graveure nutzen Ultraschall und Computer. Aber nach wie vor sind Achate das Material.

Eine aus drei Farbschichten herausgearbeitete Achat-Kamee aus dem 16. Jahrhundert. Die oberste Schicht ist hellbraun, die mittlere hellblau, die unterste schwarzbraun.

Baujuwel für eine Tote: Das Taj Mahal

Als Mumtaz Mahal, die Hauptfrau des indischen Großmoguls Shah Jahan, im Jahr 1631 starb, war die Trauer des Herrschers groß. So groß, dass er zu ihrem Andenken in seiner Hauptstadt Agra ein prächtiges Mausoleum erbauen ließ, wie es die Welt noch nicht gesehen hatte. Über 20 000 Arbeiter und Künstler schufen in jahrelanger Arbeit ein aus prachtvollem weißem Marmor erbautes Gebäude, verziert mit Tausenden von Einlegearbeiten aus Schmucksteinen.

Muster und Koran-Suren in allen Farben
Für diese künstlerischen Inkrustationen ist das Mausoleum ebenso berühmt wie für seine eindrucksvolle Baukunst. Insgesamt fanden 28 Arten von Schmucksteinen Verwendung – unter anderem Achate und Chalcedone in zahlreichen Farbtönen, orangefarbener Karneol aus Indien, blauer Lapislazuli aus Afghanistan, grüner Heliotrop und

Das Taj Mahal in Agra
(indischer Bundesstaat
Uttar Pradesh)

Für die Dekors im Taj Mahal wurden farbige Schmucksteine verwendet – Achat und viele andere –, die man in ausgefräste Vertiefungen des Marmors einlegte („inkrustierte").

dunkelroter Granat. An vielen Stellen trägt das Gebäude in schöner Kalligrafie Suren aus dem Koran, deren in den weißen Marmor eingelegten Schriftzeichen aus Jaspis oder schwarzem Marmor bestehen. Der filigrane Blumen- und Rankenschmuck wurde aus gelbem Marmor, grünem Jade und buntem Jaspis gestaltet.

Die ganze Herrlichkeit der Dekors war kein Zufall: Der Bauherr galt als Fachmann. Voller Bewunderung schrieb der französische Juwelier und Edelsteinhändler Jean-Baptiste Tavernier, der damals das Land bereiste, dass im gesamten Mogulreich niemand kompetenter in Sachen Edelsteine sei als Shah Jahan.

Gefärbte Achate

So wunderschön vielfarbig Achate auch sind – manchen Menschen ist dies immer noch nicht genug. So wurden schon vor Jahrhunderten Methoden entwickelt, Achate zu färben und so auch weniger attraktive Exemplare „aufzuhübschen". Vor allem die oft grauweißen oder bläulichen brasilianischen Achate, die weitgehend frei von Rissen sind, eignen sich dafür.

Die Feinstruktur des Achats bietet die besten Voraussetzungen für das Färben. Der Stein besitzt nämlich zahllose Poren, in die Farblösungen eindringen können, und da sich die Schichten der Bänderung oft in der Porosität unterscheiden, nehmen sie die Farbe in unterschiedlichem Maße auf. So tritt als Ergebnis der Färbekunst die Bänderung besonders deutlich hervor.

Aufwendiges Verfahren
Der Färbevorgang selbst ist langwierig. Der Achat wird nach aufwendigem Säubern und Trocknen tage- oder sogar wochenlang in der Farblösung gekocht. Bisweilen zieht man zuvor mit einer Vakuumpumpe störende Luft aus den Poren. So dringt die Farbstofflösung besser in die Poren ein. Um Schwarz zu erzeugen, damit der Stein wie Onyx aussieht, legt man den Achat in Zuckerlösung und später in Schwefelsäure, die den Zucker verkohlt – auch dies ist ein altes Rezept.

Das Färben von Achaten ist durchaus üblich und nicht verboten; nach den Regeln der CIBJO, der Internationalen Vereinigung der Juwelenhändler, muss man die Behandlung des Steins nicht einmal angeben.

Meist ist gefärbter Achat an der unnatürlich leuchtenden Farbe zu erkennen – Hochrot, Tiefblau oder gar Violett. Bei naturnäheren Farben wie Schwarz oder Braun enthüllt nur das Mikroskop die Behandlung.

Prachtvoll gefärbte Achat-Scheiben auf einem Verkaufsstand

Die Mohshärte

Die Härte von Mineralen ist eine wichtige Eigenschaft, mit deren Hilfe man sie voneinander unterscheiden kann. Vor etwa 200 Jahren führte der Wiener Mineraloge Friedrich Mohs die Ritzhärte als Bestimmungsmerkmal ein und stellte dafür eine Vergleichsskala von zehn bekannten Mineralien zusammen, denen er die Härte 1 bis 10 zuteilte. Talk, das weichste Mineral der Skala, hat Härte 1, Quarz 7 und der Diamant 10. Allerdings ist die Skala keineswegs linear: Betrachtet man die Schleifhärte, so ist der Diamant 140-mal härter als der Korund und 4 Millionen Mal härter als Talk, während sich die Skalenminerale 3, 4 und 5 nur geringfügig unterscheiden.

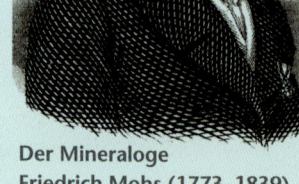

Der Mineraloge Friedrich Mohs (1773–1839)

Von 1 bis 10: Mohshärten

Talk 1 — Orthoklas 6
Gips 2 — Quarz (inkl. Achat) 7
Calcit 3 — Topas 8
Fluorit 4 — Korund 9
Apatit 5 — Diamant 10

Eine Reihe scharfkantiger Mohs-Minerale zählen zur Ausrüstung jedes Mineraliensuchers. Die Prüfung eines Steins ist einfach: Man beginnt mit dem weichsten Mineral, bis eines den Prüfling ritzt. Zwei Mineralien, die sich gegenseitig nicht ritzen, gelten als gleich hart.

Glossar

Allochromatisch Viele Grundstoffe von Edelsteinen sind farblos – die Farbe stammt von Fremdatomen, die in ihr Kristallgitter eingebaut sind. So wird der an sich farblose Korund durch Chrom zum roten Rubin, durch Eisen und Titan zum blauen Saphir. Stoffe, die von sich aus farbig sind, nennt man idiochromatisch.

Amorph So nennt man ein Mineral, dessen Atome oder Moleküle ungeordnet sind – amorph ist also der Gegensatz zu kristallin. Ein typisches amorphes Mineral ist das schwarze Vulkanglas Obsidian.

Asterismus Auf bestimmten gewölbt geschliffenen Edelsteinen – etwa Rubinen und Saphiren – erkennt man ein sternförmiges Muster, wenn sie von einer punktuellen Lichtquelle beleuchtet werden. Die Ursache des Phänomens Asterismus (von griech. *aster,* Stern) sind feinste Einschlüsse von Fremdmineralien, die das Licht sternförmig reflektieren.

Aventurisieren Das farbige Glitzern eingelagerter Fremdkristalle. Benannt nach dem glitzernden Aventurin.

Bestrahlen Behandeln von Edelsteinen mit energiereichen Strahlen (Gamma-, Röntgen- oder ultraviolette Strahlen), um die Farbe zu verändern. Ein bestrahlter Stein muss nach den Regeln des Juwelenhandels als „bestrahlt" oder „behandelt" gekennzeichnet werden.

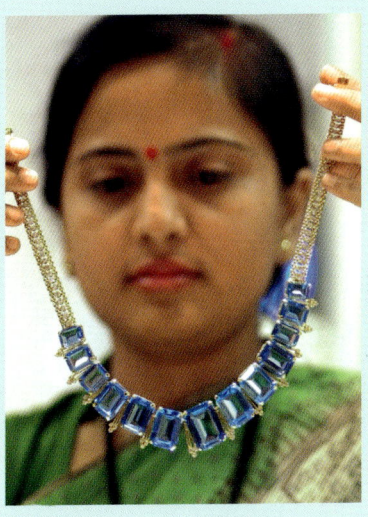

Ein Collier aus Blautopasen. Natürliche blaue Topase sind selten; die intensive Farbe der handelsüblichen Blautopase entsteht durch Bestrahlen farbloser Topase.

Impressum

Autor: Dr. Rainer Köthe
Producing: AFR text edition, Hamburg

Reader's Digest
Redaktion: Falko Spiller (Projektleitung)
Grafik: Roland Sazinger
Prepress: Frank Bodenheimer

Produktion
arvato print management: Ciprian Neamtu

Druckvorstufe
GroupFMG Print

Druck und Binden
CT Printing Limited, Hongkong

© 2012 Reader's Digest Deutschland, Schweiz, Österreich –
Verlag Das Beste GmbH Stuttgart, Zürich, Wien

Das Werk einschließlich aller seiner Teile ist urheberrechtlich geschützt.
Jede Verwendung außerhalb der engen Grenzen des Urheberrechtsgesetzes ist ohne Zustimmung des Verlags unzulässig und strafbar. Das gilt insbesondere für Vervielfältigungen, Übersetzungen, Mikroverfilmungen und die Verarbeitung in elektronischen Systemen.

GR 0176/G/S
ISBN 978-3-89915-834-2

Printed in China

Besuchen Sie uns im Internet:
www.readersdigest.de | www.readersdigest.ch | www.readersdigest.at

Bildnachweis
Archiv für Kunst und Geschichte: 7 (Michael Teller); 8 (Nimatallah); 9 (North Wind Picture Archives); 11; 19 (Archives CDA / St-Genès); 20 u. (Joseph Martin); 23. Bildarchiv Preußischer Kulturbesitz: 3 (The Metropolitan Museum of Art); 25 (Museumslandschaft Hessen Kassel). Bridgeman Art Library: 18 (Walters Art Museum, Baltimore, USA / DACS); 21 o. (Giraudon). Corbis: Umschlagvorderseite (Walter Geiersperger); 21 u. (Massimo Listri). Firma Paul Dreher, Idar-Oberstein: 22 (Gerd u. Patrick Dreher). Getty Images: 10 (Photo Researchers / Edward Kinsman); 20 o. (Dorling Kindersley); 31 (AFP / Deshakalyan Chowdhury). iStockphoto: 29 (Danish Khan). Rainer Köthe: 26, 27. Mauritius Images: 12 (Photo Associates / Mark A Schneider Dembinsky); 17 (imagebroker / Malcolm Schuyl / FLPA); 30 (Alamy). Science Photo Library: 13, 14/15 (Dirk Wiersma). Shutterstock: 4 (Zvonimir Atletic)